REVUE
DE L'HISTOIRE
DE LA LICORNE,

Par un Naturaliste de Montpellier.

A MONTPELLIER,
De l'Impr. de J.-G. TOURNEL, Place Louis XVI, n.° 57;
Chez DURVILLE, Libraire à la Grand'rue.
A PARIS,
Chez GOUJON, Libraire, rue du Bac, n.° 33.

1818.

REVUE DE L'HISTOIRE DE LA LICORNE.

A MONSIEUR ***.

LORSQUE vous me demandâtes dernièrement ce que je pensais de la licorne, vous voulûtes bien me laisser le loisir de faire quelques recherches à ce sujet, pour appuyer une négation, qui parut vous surprendre d'abord : j'espère aujourd'hui vous convaincre que la licorne est un être de raison. Vous verrez par-là combien il est nécessaire de faire de temps en temps la revue de ce que les anciens nous ont appris en histoire naturelle, pour être assurés si nous pouvons embrasser leurs opinions ou les infirmer par nos observations. En prenant la licorne, par exemple, pour objet de nos réflexions, la première qui se présente est celle-ci :

Est-il probable que tant d'auteurs qui nous sont connus eussent pris la peine d'écrire sur un objet aussi contesté, si l'un d'eux seulement avait prouvé sans réplique que la licorne n'existe pas, ou si un seul avait également prouvé par le fait qu'elle existe : il n'y aurait eu plus rien à dire. Mais jusqu'ici la preuve est aussi incertaine que la négative. Tâchons à notre tour, au milieu de tant d'obscurité, de démêler le vrai d'avec le faux.

Le premier qui ait imaginé de tracer l'histoire de la licorne, est, au rapport de Pline, Ctesias, historien et médecin grec qui vivait 400 ans avant Jésus-Christ : il est cité par Aristote comme un auteur de peu de crédit. Ce n'est donc pas la peine de remonter si loin pour ne trouver qu'une fiction si souvent rejetée.

Philostrate, écrivain de beaucoup de choses plaisantes, s'est aussi amusé à embellir l'histoire de la licorne. C'est d'après de telles autorités que d'autres auteurs plus graves ont parlé d'un animal qui leur était inconnu, chacun ajoutant de son chef quelque chose d'extraordinaire pour rendre cette histoire plus merveilleuse.

Pline, dans le XXI.e chapitre du VIII.e livre de son histoire naturelle a englobé le peu qu'il avait à dire des licornes, avec ce qu'il avait à rapporter des lynx, des sphinx, des chevaux aîlés, des crocottes, des bœufs des Indes, des leo-crocottes (1), des éales, des taureaux d'Ethiopie, des mantikhores, des catolèpes, etc.; il y a peu à compter sur tout ce qu'il en dit sur la foi de voyageurs peu éclairés. Tel est le récit de Pline: « Les Indiens donnent aussi la chasse à une bête féroce très-dangereuse, qui est le *monoceros*, c'est-à-dire qui n'a qu'une corne. Son corps ressemble à celui du cheval, sa tête à celle du cerf, ses pieds à ceux de l'éléphant, sa queue à celle du sanglier. Son mugissement est d'un ton grave. Il lui sort du milieu du front une seule corne de deux coudées d'éminence. Ils assurent qu'on ne peut prendre cette bête en vie ».

Les éditeurs français de Pline, qui ont ajouté de notes, souvent nécessaires, quelquefois insuffisantes, pour expliquer le texte, en ont placé une ici, d'après M. Guettard,

(1) Autre animal d'imagination, que l'on a cru provenir de l'accouplement de la licorne avec l'hyène. C'est un échantillon de la fiction de quelques autres animaux.

qui fait apercevoir de ce qu'il y a de précaire dans ce qui concerne la licorne du vulgaire.

Elien, dans son histoire des animaux, passe pour être aussi conteur et aussi crédule que Pline. On peut consulter, si l'on veut, sur l'objet qui nous occupe, son livre XVI.e, chap. XX; et livre XVII.e, chap. XLIV.

Quelques modernes ont écrit successivement sur la licorne avec un empressement qui paraissait annoncer autant de nouveautés; ils se sont presque copiés, et n'ont fait qu'ajouter de l'érudition à de l'érudition, des mensonges à des mensonges, en tournant autour de quelques vaines hypothèses. Qu'il me suffise de citer Vartoman, Garcias ab Horto, Amatus Lusitanus, Bartholin, Franzius, Kirchmajer, Baccius, Sacchs, le P. Kircher, Gesner, Jonston, Aldrovande, etc.

Sacchs, qui a écrit un peu plus sensément que la plupart des auteurs, a exposé le dire d'un chacun dans sa dissertation intitulée *monocerologia*, 1676, que je me dispense d'analyser, quoique je l'aie sous les yeux. Baccius n'avait pas mis moins d'importance à traiter le même sujet plus d'un siècle auparavant, 1558. Ce qu'il avait fait avec assez de succès, pour en dispenser bien d'autres, de suivre servilement ses traces.

Baccius, après avoir assez bien discuté l'histoire de la licorne, fait naître encore un doute en faveur de cet animal si peu connu, il peut fort bien exister, dit-il, quoiqu'il soit inconnu ; tout comme on répand dans le commerce plusieurs drogues apportées des Indes et des pays les plus lointains, dont l'origine n'est cependant pas connue. Cette raison n'est que spécieuse, puisque l'on est parvenu à connaître l'origine de plusieurs de ces substances, et qu'on ne tardera pas à les connaître toutes, quand on les aura observées de plus près, et décrites sur les lieux. D'autres raisons alléguées par l'auteur estimable que je cite, ne sont plus admissibles aujourd'hui que l'étude de l'histoire naturelle plus approfondie a fait découvrir tant de choses restées inconnues aux anciens, et la découverte de la licorne est encore à faire : c'est plus que le *rara avis in terris,* c'est l'*inconspicuum animal,* Sait-on bien en quel coin de la terre il vit, et où l'on puisse aller avec quelque certitude pour le voir, l'atteindre et l'emporter, sinon en vie, du moins en peau et en os ?

On cite, à la vérité, quelques voyageurs comme témoins oculaires ou rélateurs ; mais comme ils parlent trop vaguement de cet animal, leur autorité est peu recevable. Combien de voyageurs ont des yeux qui voient sans distinguer les objets. Louis de Barthema, de Bologne, dit bien avoir vu deux *monoceros*, et ne nous en apprend rien de plus. Cela peut-il suffire? Selon Garcias du Jardin, il s'en trouve au Cap de Bonne Espérance. Tant de voyageurs éclairés qui ont passé par le Cap de Bonne Espérance, n'en ont rien dit. Paul Vénitien en désigne au Royaume de Basan et de Cambie. Ænéas Sylvius le fait habiter l'extrémité de l'Asie. Cadamoste en marque dans le Nouveau Monde, etc.

En examinant de près ces autorités, on les trouve de peu de valeur. Par exemple, je m'attendais que Marc Paul ou Marco Polo, ce fameux aventurier, qui a raconté tant de choses surprenantes de ses voyages, n'aurait pas manqué de dire quelque chose de positif de la licorne s'il l'avait seulement aperçue. J'ai donc compulsé les voyages de ce Vénitien intrépide, qui voyagea par toute l'Asie, durant le XIII.e siècle, en me servant de la traduction française qui fait partie du recueil formé par Bergeron, 1735, in-4.o. Il y est bien fait mention des bêtes sauvages que l'on envoie de tous les côtés au grand Cham, et de quelle manière on fait prendre les bêtes sauvages au moyen des apprivoisées; mais il n'y est pas fait du tout mention de la licorne ou *monoceros.* Marc Paul traite aussi des différentes bêtes que l'on trouve dans la Province d'Abasin? Il n'y est pas plus question de la licorne. Cependant j'ai vu Marc Paul cité à ce sujet.

J'ai consulté aussi les deux voyages d'Alvise da Cada Mosto, faits, l'un en 1454, le long des côtes d'Afrique jusqu'à Rio-Grande; l'autre en 1456, lorsqu'il découvrit les îles du Cap-Vert. L'un et l'autre voyage étant insérés dans le tome III de l'histoire générale des voyages, etc. L'auteur y parle des éléphans, des *chevaux marins*, animaux amphibies, dit-il, qui ressemblent beaucoup à la vache-marine; ils ont le pied fourchu, la tête large comme le cheval, et deux dents monstrueuses qui s'avancent comme celles du sanglier. Cada Mosto se vante qu'on n'avait vu avant lui aucun animal de cette espèce, excepté peut-être dans le Nil: ce qui confirme qu'il veut parler de l'hippopotame, très-certainement connu long-temps avant lui, et qui n'est pas à beaucoup près une licorne. On cite encore le P. Jeronimo Lobo qui voyagea dans l'Empire des Abyssins et aux sources du Nil. Sa relation a été recueillie par Melchisedech Thévenot, dans le tome II, partie IV de ses relations de divers voyages curieux, édition de Paris, 1696, in-fol. Lobo parle de l'animal nommé *avocharis* dans l'Ethiopie ; il est extrêmement vite, il ressemble à un chevreuil et n'a qu'une corne. Mais, parmi les animaux à corne, n'en est-il pas plusieurs à une corne, qu'on aura pris tour à tour pour la licorne ?

Vincent Leblanc assure avoir vu une licorne dans le serrail du Roi de Pégu, et ne la décrit pas.

Marmol dit moins vaguement qu'on trouve la licorne dans les montagnes de Beht, en la haute Ethiopie ; qu'elle est de couleur cendrée, et ressemble à un poulain de deux ans, hormis qu'elle a une barbe de bouc, et au milieu du front une corne de trois pieds, qui est polie et blanche comme de l'ivoire, et rayée de raies jaunes depuis le haut jusqu'en bas, etc. Cet animal, ajoute Marmol, est si fin et si vite, qu'on ne peut, ni le tuer, ni le prendre ; mais il quitte son bois comme le cerf, et les chasseurs en trouvent dans les déserts.

Voilà ce qui expliquerait pourquoi l'on ne trouve qu'une corne, non les autres dépouilles de l'animal, dans les collections, si toutefois ces cornes précieuses sont bien celles de la licorne? Cosmas le Solitaire dit plus franchement *(relations de Thévenot, tom. I, pag. 19)* qu'il n'a point vu de licorne, mais bien quatre figures de bronze de cet animal, en Ethiopie, dans le palais du Roi, nommé les quatre tours; que c'est un animal terrible et indomptable; que toute sa force consiste en sa corne, etc.

Cependant quatre figures de la licorne en bronze, conservées dans le palais d'un Roi d'Ethiopie, n'annoncent-elles pas qu'un tel animal existe dans ces brûlantes contrées, et qu'il a servi de modèle? Mais l'on est accoutumé à voir tant de représentations de choses idéales et bizarres dans les palais et les temples des Orientaux, des Indiens, etc.!

On a dit aussi qu'un Empereur d'Ethiopie, nommé Prête-Jean, désirant entrer en liaison avec le grand Seigneur, lui envoya en présent, comme une chose des plus rares, deux belles licornes vivantes qu'il avait reçues des Indes. Comment dans un si long trajet n'auraient-elles pas fait l'admiration des peuples qui les auraient vues; comment n'en aurait-on pas écrit plus amplement?

Ce qu'on lit de plus positif sur l'existence de la licorne, et encore cela avait-il besoin d'une confirmation ultérieure, se trouve par occasion dans un ouvrage de Wormius, que nous citerons ailleurs. L'auteur rapporte qu'en 1652, François Marquis, Africain d'Ethiopie, Légat ou Ambassadeur du Roi de Congo à la cour de Copenhague, racontait devant le Roi et les Primats du Royaume, ce qui concerne l'animal que les Africains nomment TORÉ BINA, ce qui signifie animal cornu, et que l'on suppose être la licorne terrestre, vivant dans le désert de *Cano* (dans la Nigritie); il le représentait de la forme et de la grandeur d'un cheval moyen, de couleur grise, comme le pelage d'un âne, ayant une ligne noire sur toute la longueur du dos, avec une corne au milieu du front, de la longueur de trois spithames, c'est-à-dire, trois fois douze doigts. Le mâle seul est armé d'une corne qui n'a point de stries, ni de contours. Cette particularité est à remarquer. Jusques là, cette dissertation est un peu plus recevable que celle de la plupart des auteurs. L'animal dont il s'agit passe pour être si vite à la course, qu'on ne peut le saisir vivant; mais on le tue à coup de traits, et on le trouve mort dans le désert. L'Ambassadeur avait promis au Roi Fréderic III de lui envoyer, et la dépouille entière de l'animal, et la corne. On ignore si cette promesse a été effectuée : ce qui aurait mis la chose hors de doute. En attendant, on ne peut rien établir de solide sur des conjectures et des oui-dire. Il faut laisser absolument de côté ce que Pline, Elien et d'autres anciens ont avancé sans preuve du *monoceros*, unicorne et licorne. Parmi les modernes, il en est auxquels on ne peut pas raisonnablement ajouter plus de foi. Je citerai entre autres Jonston, naturaliste d'ailleurs, qui eut l'impudeur de faire représenter sous la forme d'un cheval à pieds fourchus, non-seulement le *monoceros*; mais encore six autres quadrupèdes approchant plus ou moins de la forme du cheval ou de l'âne par le corps, mais en différant par les pieds; tous étant pourvus d'une corne sur le front, plus ou moins allongée, torse et sillonnée aux uns, unie aux autres. On peut voir sur cela les planches X, XI et XII du chapitre VI, où Jonston traite du *monoceros* et des ânes cornus. Il s'étaye beaucoup de divers auteurs qui n'étaient pas mieux informés que lui sur ce point. Il a pourtant la bonne foi de déclarer que c'est sur le dire de ces auteurs qu'il a traité son sujet. Nous ne sommes pas moins dispensé de réfuter le crédule Jonston : je dis crédule, parce qu'il ne s'est permis aucune critique. Son ouvrage d'ailleurs est rempli de figures bonnes en apparence, qui représentent beaucoup de monstres et d'animaux fabuleux mal associés à ceux qui sont rendus au naturel par un habile artiste.

Gesner n'a pas manqué de donner aussi un article au *monoceros*, et l'a représenté comme un cheval poilu, avec sa corne sur le front. Aldrovande n'a pas été en reste sur l'histoire de cet animal unicorne. Il a fait représenter sur-tout, et séparément, deux longues cornes torses, qui sont manifestement celles du narval; il les annonce comme des objets précieux, dont l'un appartenait au Duc de Mantoue, l'autre à Sigismond, Roi de Pologne. On avait ajouté à celle-ci quelques ornemens aux deux extrémités.

Parmi les raisons qui servent à repousser l'idée de l'existence de la licorne terrestre, celle qu'apporte Baccius, déjà cité, est de quelque poids. Cet auteur a fort bien remarqué que les Romains qui, par luxe, appelaient dans leurs arênes sanglantes les animaux les plus rares et les plus extraordinaires, pour les donner en spectacle à un peuple qui en était si avide, n'avaient jamais produit une licorne en vie. En vérité, cette raison ne serait pas la moindre des preuves qu'un tel animal n'existait nulle part du temps de ces fiers conquérans, qui l'auraient sans doute amené du bout du monde pour la seule gloire de montrer, pour la première fois, un animal inconnu. C'eut été le cas de le montrer lors de la dédicace de l'amphithéâtre de Dioclétien, ou dans les jeux séculaires ordonnés par Gordien, célébrés aussi par Philippe, qui succéda à Gordien, après l'avoir inhumainement assassiné. C'était l'usage de donner en spectacle dans ces grandes occasions tant de choses étonnantes!

Sylla présenta au peuple un combat fastueux de cent lions : spectacle digne d'un homme comme lui; j'ai dit d'un barbare presque aussi sanguinaire. Que n'avait-il en son pouvoir quelques licornes pour satisfaire la curiosité des Romains, par une nouveauté plus grande encore!

Je dirai en passant, puisque l'occasion le veut, que Baccius a écrit aussi une dissertation non moins curieuse, réunie à la précédente, de l'édition de 1598, sous un titre qui paraîtrait assez singulier aujourd'hui : *de magna bestia, seu alce.* L'élan n'est pas à beaucoup près un très-grand animal; ce sont ses propriétés qui seraient véritablement grandes, s'il était bien avéré qu'on pût les opposer au plus grand des maux, à l'épilepsie;

et c'est de l'ongle seulement qu'il faut, dit-on, se servir, ou bien de la raclure du sabot (1). Et cela, assure-t-on, parce que l'élan étant sujet lui-même à l'épilepsie, sait par instinct s'en guérir, en suçant son sabot du pied de derrière, ou en l'introduisant dans son oreille. On répugne à répéter des bêtises accréditées. Quant au nom de la *magna bestia*, on veut que ce soit un mot corrompu de l'allemand, qui signifierait animal misérable. Il l'est en effet par rapport à son extrême timidité, à sa complexion mélancolique et à la maladie qui lui survient quelquefois, l'épilepsie ou mal caduc. Ainsi l'élan partage les misères de l'homme sans en obtenir de secours. Peut-être que la condition de l'homme est pire, lorsqu'il est en butte à la superstition et au charlatanisme. Du reste, l'élan est le *loss* des Polonais. Gobel, médecin prussien, en a écrit spécialement.

Nous verrons bientôt que les propriétés attribuées à la corne de la licorne, sur-tout à l'unicorne fossile, n'ont pas peu contribué

(1) La corne ou le sabot de l'élan est encore en parade dans quelques pharmacies; des médecins ont la confiance de l'employer contre l'épilepsie, en fumigation; mais le sabot du cheval ou du bœuf pourrait l'être de même.

à rendre cet animal célèbre, sans qu'il soit plus trouvable.

Il est des auteurs, Sperlingius est du nombre, qui n'ont pas craint d'avancer que l'unicorne avait péri dans le bouleversement du déluge. Il y a donc bien long-temps qu'il n'existe plus sur la terre, et des modernes croient l'avoir vu : tout ce qu'on en a écrit depuis, est donc une suite de mensonges; et tant de cornes entières ou en fragment, que l'on montre pour être celle de la licorne, n'appartient donc pas à cet animal, mais à quelque autre animal à corne; c'est ce que nous prouverons bientôt, comme étant ce qu'il y a de plus certain dans l'histoire obscure, très-obscure de la licorne.

On donne en général la licorne, pour un animal d'autant plus rare, qu'on ne peut ni l'atteindre, ni le chasser; on en a même désigné de plusieurs espèces, et l'on n'est pas plus certain de l'une que de l'autre. L'animal qui ressemblerait le plus à la licorne, âne ou cheval, serait peut-être le pégase de l'Hélicon; ils sont au moins aussi fabuleux l'un que l'autre.

Enfin, des auteurs plus sensés ne pouvant condescendre à de faibles autorités, à de purs ouï-dire, voyant qu'on ne pouvait s'étayer d'aucun fait positif, d'aucune observation bien constatée, ont pris le parti rigoureux de nier absolument l'existence d'un tel animal ; d'autres plus prudens ont gardé un profond silence sur ce qui le concerne ; et ce qui achève de ruiner de fond en comble l'histoire mensongère de la licorne, c'est que Buffon, l'immortel Buffon, qui a illustré l'histoire naturelle des animaux quadrupèdes, n'a pas même daigné faire la moindre mention de l'animal supposé ; aussi, depuis l'épurément de l'histoire naturelle des animaux, on ne voit plus la licorne être comprise dans les bons ouvrages de ce genre.

Néanmoins, il semble qu'on aurait eu quelque regret de ne pas la faire figurer dans le nouveau dictionnaire d'histoire naturelle, appliquée aux arts (1803). Quoique l'on ait oublié de faire cette application à l'égard de la licorne, comme elle en était susceptible. Sans donner trop de détails sur un animal que l'auteur de cet article (M.r S.) affirme être fabuleux, on laisse quelque espoir de le retrouver dans quelque coin de la terre inhabitée ; et sur cela on cite deux témoignages que l'on dit être positifs, dont un a été publié dans le *magasin de physique* du professeur Voigt à Iéna en Allemagne, pour l'année 1796. On y lit la traduction d'un procès-verbal

Hollandais du Cap de Bonne-Espérance, daté du 8 Avril 1791, signé H. Cloète, dont on donne l'Extrait dans le dictionnaire cité, que je me dispense de transcrire, puisque ce savant et volumineux ouvrage est entre les mains de tous les amateurs d'histoire naturelle; on en donne même en ce moment une édition plus ample, puisque 24 vol. in-8.° avaient à peine suffi à la première. Je ne prendrai, dans cet Extrait que les mots suivans : « Cet animal (ressemblant à un cheval) fut tué à 16 journées de Cambado, et à 30 journées de la ville du Cap. On trouve aussi la figure de cette *licorne* gravée sur beaucoup de centaines de rochers, par les Hottentots qui habitent les bois ». Si l'on rapproche cette circonstance des gravures multipliées sur la pierre, de la figure de la licorne, avec les quatre licornes en bronze, d'Ethiopie, mentionnées ci-dessus, page 11, on aurait une forte présomption en faveur de l'existence de la licorne.

Le second témoignage est pris dans *l'Itinerario de Ludovico de Barthema Bologneso, Venezia*, 1517, cité ci-dessus, page 8, lequel décrit deux *licornes*, qu'il dit avoir vues vivantes à la Mecque. (La description s'ensuit, je la supprime par la même raison que ci-dessus (1)). L'auteur de cet article dans le nouveau dictionnaire d'histoire naturelle, la termine par cette juste réflexion :

« Comment se fait-il que des voyageurs instruits, qui ont pénétré dans les terres de la pointe australe de l'Afrique, avec l'esprit de recherches et d'observations, n'aient pas vu ce que deux hommes obscurs et ignorés prétendent avoir examiné ? Comment se persuader que depuis le commencement du quinzième siècle, quelque Roi d'Ethiopie n'ait pas envoyé au Schérif de la Mecque ou au Sultan de Constantinople, quelques *licornes*, puisque ces animaux passaient pour des objets si précieux ? D'un autre côté, le chevalier Bruce, qui a fait un assez long séjour en Abyssinie, s'élève, avec trop d'aigreur sans doute, contre le docteur Sparrman, dont l'opinion est favorable à l'existence des *licornes* ; et cette opinion n'avait d'autre fondement que le rapport d'un Colon Hollandais, qui a découvert un dessin représentant un de ces animaux sur la surface unie d'un rocher, dans une plaine du pays des Hottentots-Chinois. Le célébre

---

(1) D'ailleurs elle a été transportée dans l'ouvrage du docteur Sparrman cité ci-après (*Au Tom. III, pag.* 17 *et* 18).

Pallas est du même avis. « Quant au *monoceros*, écrit-il à Sparrman, et aux raisons qui vous portent à croire qu'il existe de ces animaux cachés dans les parties intérieures de l'Afrique, je n'en suis nullement étonné : je suis depuis long-temps très-persuadé que les récits des anciens, concernant le *monoceros* (la licorne) n'étaient pas dénués de tant de fondement; mais que peut-être les *antilopes unicornes* dont j'ai parlé, *Fascic.* 12. *Spicileg*, y avaient donné lieu, ou que jadis, lorsque l'intérieur de l'Afrique était fréquenté par les voyageurs Européens, ils connaissaient quelqu'autre espèce particulière d'animaux unicornes, qui nous sont à présent inconnus. (*Voyage de Sparrman*, trad. franc. 1803, Tom. III, pag. 16) ».

J'ai deux remarques à faire sur ce passage : 1.° le dessin aperçu, par un Colon Hollandais, sur la surface unie d'un rocher, dans une plaine du pays des Hottentots, n'est pas unique, puisque nous avons déjà rapporté qu'on voyait la figure de la licorne gravée par les Hottentots sur beaucoup de leurs rochers : ce qu'ils ne font pas sans quelque indice.

2.° Le consentement de Pallas à l'opinion de Sparrman quoique d'un grand poids, ne prouve pourtant autre chose, sinon qu'il existe des animaux à une seule corne, dans la famille des gazelles ou antilopes; mais ces cornes de gazelle diffèrent en tout de celle que l'on suppose appartenir à la licorne, qui est droite, torse et blanche : la corne de l'antilope est noire, un peu tordue à l'extrémité et à anneau ou à spirales rapprochées et irrégulières. Telle est celle que Pallas a fait représenter Tab. III, fig. 1 de son XII.e fascicule, *spicilegia zoologica*. Les anneaux circulaires ne vont que jusqu'aux deux tiers à-peu-près de la corne, le restant jusqu'à la pointe est uni. Je possède dans ma collection deux de ces cornes, d'inégale longueur, dont les anneaux ne vont que jusqu'au tiers et le restant est uni. Je les rapporte à deux individus de l'*antilope oryx*, ou pasan, qu'on nomme aussi antilope d'Egypte et chamois d'Afrique. Cette corne diffère donc de celle de la licorne et plus encore de celle du narval, dont il sera bientôt question. Voilà donc des doutes ajoutés à des ouï-dire, qui prouvent ensemble que nul observateur n'a réellement vu la soi-disante licorne. Disons tout pour et contre.

Un dernier argument qui paraît être en faveur de la licorne terrestre ou *monoceros*, appartient à ceux qui croient s'être aperçus qu'il en est fait mention dans l'écriture sainte. Cette grande autorité ne serait pas à beaucoup près récusable, si c'était bien la licorne qui y fût désignée. La Bible fait souvent mention de corne, mais métaphoriquement, comme dans ce passage du psaume de David 91.e, *exaltabitur cornu meum sicut unicornis.* Qui ne voit que les cornes sont prises pour le symbole de la royauté et de la puissance. De-là tant d'expressions figurées et d'allusions magnifiques, soit dans les livres saints (1), soit dans les ouvrages profanes. Dans le psaume 21.e, on lit encore : *libera me domine ab ore leonis et a cornibus unicornium humilitatem meam.* Quelquefois on a nommé le *réem* en ce passage, mot hébreu qui désigne une espèce de bœuf sauvage à deux cornes. Moïse est représenté avec des cornes ; on représentait de même quelques Divinités payennes.

Les Idolâtres se prévalaient des cornes de Jupiter-Ammon, ressemblant à celles de belier ; des cornes d'Isis et d'Osiris, de la Déesse *Tellus* et *Dea Mammosa.* Et le Dieu Pan, les Silvains,

(1) Les métaphores et les paraboles ne sont point rares dans la bible ; elles ont reçu leur explication dans les commentaires, qu'on peut consulter.

les Satyres étaient représentés avec des cornes. On pourrait objecter aussi que, si la licorne était nominativement citée dans l'écriture, c'est une preuve qu'elle existait. Mais non; c'était seulement une figure d'imagination, comme l'immense behemoth et le vaste léviathan, animaux supposés des Rabins et des Thalmudistes. Le savant Bochart, qui n'a pu éclaircir l'histoire du léviathan, s'est retranché à dire que ce n'était autre chose que le crocodile: en quoi il n'a satisfait personne. Le dragon et le basilic n'entraient-ils pas aussi dans les expressions figurées des livres saints! ainsi les modernes ont pu s'égarer, et dans l'idée qu'ils se sont fait des *monoceros*, et dans les différens noms qu'il leur a plu de lui donner. Aussi Bomare nous dit-il, au mot *bréhis*, que c'est le nom d'une licorne quadrupède de la grandeur d'une chèvre, que l'on assure se trouver à Madagascar, dont l'existence est une chimère, comme aussi celle de la licorne terrestre, nommée *camphur*. A ce dernier mot, l'auteur cité rapporte encore que, sous le nom de *camphur*, les anciens ont désigné un animal d'Arabie et d'Ethiopie, une licorne terrestre, une espèce d'âne sauvage, portant une corne unique posée au milieu du front. Cet animal est inconnu, ajoute

Bomare, ou mal décrit, même fabuleux; on en peut dire autant du *bréhis*; et sans doute aussi de *l'avocharis*. On trouve de même mentionné dans l'écriture un autre animal inconnu, que j'ai dit être nommé *Réem*, c'est celui que le P. Lamy (*introd. à l'écrit. s.te*) prétend être la licorne ou le *monoceros*. Il a eu la confiance de le faire représenter sous la figure d'un cheval à pieds fourchus, ayant une longue crinière qui lui descend sur le poitrail et jusqu'aux cuisses, armé d'une longue corne, torse sur le front, entre les deux oreilles.

Dom Calmet, dans son dictionnaire historique de la Bible, édition de 1730, a mis un article concernant la licorne: il est assez curieux; mais l'auteur avoue que les auteurs profanes en ont donné des descriptions si bizarres et si extraordinaires, qu'ils ont fait douter s'il y avait de vraies licornes.

Le P. Dumolinet pense, d'après Saint Jérôme, que la licorne ou la corne mentionnée dans les psaumes de David et dans Isaïe, est celle du rhinocéros. Ce n'est-là qu'une savante conjecture; d'ailleurs les rhinocéros d'Afrique ont deux cornes mobiles sur le nez; je possède l'une et l'autre dans ma collection d'histoire naturelle; elles diffèrent beaucoup en grandeur.

Si l'espèce de la licorne avait réellement existé et qu'elle fût aujourd'hui perdue, on aurait au moins l'espoir d'en retrouver quelques restes dans le sein de la terre, représentés par des ossemens fossiles, comme on l'a fait heureusement de quelques autres espèces d'animaux dont on n'aperçoit plus les analogues vivans, le mammouth, le tapir, le *palæotherium*, l'animal immense de l'ohio, *mastodonte*, *mégalonix*, *megaterium*, etc.; en ce cas, la découverte en appartiendrait à ce savant distingué qui sait discerner sur quelques fragmens d'os fossiles, ou par la forme d'une patte et des dents, à quel animal ils ont appartenu (1).

Il existe pourtant une pièce assez curieuse qui rentre dans ce genre, et qui n'est pas

---

(1) Voy. recherches sur les ossemens fossiles des quadrupèdes, où l'on rétablit les caractères de plusieurs espèces d'animaux que les révolutions du globe paraissent avoir détruites; par M.r Cuvier, 4 vol. in-4.o; et les annales du Muséum d'histoire naturelle.

M.r Faujas de St.-Fond, qui ne le cède point à bien d'autres en géologie, n'a jamais jugé digne la licorne fossile d'être mentionnée dans ses nombreux ouvrages, ni dans ses cours si intéressans. J'ai pu m'en assurer, m'étant rendu son auditeur assidu en quatre années éloignées les unes des autres, et ayant toujours rapporté de connaissances nouvelles de ses savantes leçons.

assez connue, puisqu'on la trouve peu citée. Je la découvre dans la *protogea* de Leibnitz (1749. *Gottingue, in-4.°*), livre assez rare, que je possède pourtant; c'est à la planche XII que l'on voit la figure incomplète du squelette d'un grand quadrupède trouvé dans les fouilles faites dans un rocher près de Quedlinbourg (Haute-Saxe), en 1663. Les délinéamens, tels quels, de ce squelette, laissent apercevoir, il est vrai, les parties essentielles qui caractériseraient une licorne tessestre, savoir la corne unique sur une tête, ressemblant assez à celle d'un cheval; les quatre premières vertèbres et les deux extrémités antérieures sont en entier, etc. Dans l'explication que l'on donne au §. XXXV, page 63, il est dit que l'on trouve dans l'Abyssinie le grand monoceros, au rapport de Jérôme Lupus et de Balthazar Tellesius, Portugais. Du reste, on allègue pour témoin du squelette ci-dessus, trouvé parmi des matières calcaires, Otton Gérik, (ou Otto de Guérike), consul de Magdebourg, physicien renommé par sa machine du vide, qu'il inventa en 1654. C'est dans l'ouvrage où il l'a décrite, qu'il fait mention aussi du monoceros, dont la corne, dit-il, est longue de près de cinq aunes, de la grosseur de l'os de la cuisse d'un homme à sa base et allant en décroissant. Ce squelette fut mutilé par les fossoyeurs, la représentation en fut offerte au Prince du lieu et communiquée à Leibnitz, qui l'a transmise à ses lecteurs.

Nous convenons qu'à la recommendation de deux noms, aussi célèbres que ceux de Guérike et de Leibnitz, ce monument géologique demande quelques considérations; mais c'est encore le cas du *non juro in verba magistri*, et je pense que ce rare monument fossile doit être soumis à une révision plus exacte pour devenir plus authentique. Non, le témoignage de deux grands physiciens ne nous paraît pas suffire pour entraîner l'opinion des naturalistes sur un sujet aussi contesté.

Il faut donc en revenir à cet argument: ou cet animal extraordinaire n'a pas existé, ou il a disparu de dessus la terre. Faudrait-il supposer que, de grandes révolutions du globe, l'auraient transporté de l'Afrique en Sibérie ou dans l'Amérique; que de grands fleuves l'auraient englouti dans leurs abîmes; qu'ils laisseront un jour à découvert ses ossemens jusqu'ici introuvables, en rongeant leurs vastes bords, comme ont fait l'Irtis et l'Ohio à l'égard d'autres animaux? tout cela est probable et n'est pas certain.

Malgré tant d'objections défavorables à

l'existence de la licorne, on parle beaucoup de l'unicorne fossile, que par une suite d'erreurs on croit avoir appartenu à la licorne, et qui peut bien provenir de vingt animaux différens. On a reconnu ou cru reconnaître dans cette corne fossile, qui est devenue un trésor pour certains curieux, tant et tant de vertus admirables, qu'elle ne pourrait être trop payée au poids de l'or. Il est positif que l'unicorne fossile provient de différentes sortes d'ivoire; principalement de la corne ou dent du cétacé, le grand poisson narval, dont nous traiterons bientôt. On a fait beaucoup et trop de cas de cette substance en médecine; aujourd'hui elle est presque éliminée de la pharmacie, à cause de son peu d'utilité, et du charlatanisme qui s'était mêlé dans son histoire, comme médicament.

Ce qui ne doit empêcher que nous ne disions un mot des propriétés merveilleuses et presque polychrestes que l'on a cru reconnaître dans l'unicorne fossile. La plus ordinaire, comme la plus excellente de ses vertus, est d'être, à ce que l'on croit, l'antidote puissant des poisons; puis d'être un grand vermifuge, et un plus grand remède encore, s'il était vrai qu'il guérit de la rage. On assure que d'anciens Rois des Indes s'en faisaient faire des tasses et des gobelets, persuadés qu'en les employant pour boire, ils seraient préservés de l'effet du poison, garantis aussi de l'ivresse, de spasme, de convulsions, de l'épilepsie, de la peste et autres maladies malignes; et ce qu'il y avait de plus admirable, on était délivré aussi des maladies incurables. O panacée universelle! on en disait presque autant des tasses faites de coco des Maldives, ou de l'île Praslin, vulgairement nommé coco fessier.

Cependant, les Princes et tous ceux qui ont usé, avec tant de confiance, de pareils ustensiles, sont morts de quelque maladie; apparamment de celles que le fossile ou le coco ne guérissaient pas.

Concluons de-là que si l'existence de la licorne terrestre peut être révoquée en doute, comme nous l'avons assez prouvé, le prestige de l'antidote de cette corne doit tomber en même-temps; ou bien, il faut transporter ses merveilleuses propriétés à la corne du narval: ce qui n'est pas mieux prouvé. On avait pu le croire dans des temps où cette corne d'un animal marin était encore rare et conservée comme un objet précieux qui faisait partie des trésors des Rois et des Princes. Aujourd'hui que cette belle défense, plus grande et plus longue que celle que l'on supposait appartenir à la licorne terrestre, est devenue plus commune, qu'elle se trouve dans presque toutes les bonnes collections d'histoire naturelle (1), qu'elle est mise en vente chez les marchands, bien fournis en curiosités et en objets divers d'histoire naturelle, qu'on en fait même des bijoux et d'ustensiles; on a bien des occasions, dis-je, de faire des essais pour s'assurer si elle a quelque propriété, quand même elle n'aurait pas celle de dompter le venin, les fièvres malignes, les maladies pestilentielles, comme on s'en était flatté (2). Serait-ce à titre de sudorifique? si la chose est bien avérée, on ne pourrait au moins refuser un degré de confiance, à un remède de cette espèce, en laissant de côté l'histoire

---

(1) J'en possède une d'environ quatre pieds et demi de long, torse comme serait un faisceau de corde; elle est bien conservée de la base à la pointe; elle est d'un blanc sale à l'extérieur.

(2) On trouve sur cela bien des choses rapportées dans le chapitre IX de la monocérologie de L. Sachs, qui traite spécialement *de viribus unicornium*. Je m'abstiens de citer divers auteurs sur ce point. Il en est, au contraire, qui ont soutenu que la raclure de l'unicorne n'avait pas plus de propriété que la raclure de l'ivoire et de la corne de cerf.

incertaine de la licorne terrestre, pour en transporter tout l'honneur à la corne de narval ou licorne de mer (*monodon*), à qui elle serait plus légitimement due.

Le Père Kircher, savant prodigieux, est un des premiers qui ait su placer la licorne de mer sous son véritable point de vue. Il ne pouvait se dispenser de traiter de la corne du *monoceros*, parmi les choses extraordinaires, qu'il a rapportées dans son *mundum subterraneum*, livre VIII. Après avoir répété à peu près tout ce que l'on avait dit de quelques animaux à une corne, comme du rhinocéros, de l'onagre, de l'oryx, qui est une espèce de chèvre des déserts de l'Inde, il opine que le véritable *monoceros* est un animal marin, poisson immense, dont il a voulu donner la représentation, qui certainement n'a pas été dessinée d'après nature; mais on juge suffisament qu'on a voulu figurer le narval; les modernes ont mieux réussi à le représenter (1).

(1) On peut voir dans le tableau encyclopédique, par l'abbé Bonnaterre, volume de la cétologie, planche 5, la figure du narval en entier, et celle du crâne avec ses deux défenses ou dents avancées. Des voyageurs instruits rapportent que, parmi les curiosités des galéries de Copenhague, on voit une tête de narval, avec deux défenses. Cela est positif : l'exemple n'est pas unique.

Anselme de Boodt, cité par Kircher, auteur très-connu par son histoire des gemmes et des pierres, disait posséder plus de 20 sortes de cornes de *monoceros:* tant le charlatanisme est intéressé à faire découvrir les dépouilles d'un animal introuvable! Voilà ce qui sert à expliquer, comment il peut se faire qu'on voie si fréquemment dans les collections, la corne de la prétendue licorne. Il faut pour cela en revenir au narval, ou narwal, et narwhal, bien plus commun dans les mers du Nord, et dire que les cornes acquises par les marchands et les curieux ne sont autre chose que celle du narval même, c'est-à-dire de la licorne de mer. Les sentimens seraient bientôt d'accord, si l'on voulait bien s'en tenir à cette proposition; au lieu qu'en admettant et la licorne terrestre, *monoceros*, et la licorne de mer, ou le narval, on ne peut se concilier.

Le P. Dumolinet, déjà cité (pag. 25), quoique plus habile antiquaire que naturaliste, s'est rangé de l'avis de Kircher, dans la description qu'il donnait du cabinet de la bibliothèque de Sainte Geneviève, lorsqu'il est convenu que : « depuis environ un siècle (en 1692), il est tant venu de ces cornes du Royaume de Danemarck, qu'on ne révoque plus en doute que celles que nous avons en

France au trésor de Saint-Denys, et plus de vingt autres qui sont à Paris dans les cabinets des curieux, n'aient été pêchées dans le Groënland, et autour des îles du Septentrion. Le poisson qui porte cette corne, ou pour mieux dire cette dent, au bout de la mâchoire supérieure, est nommé ordinairement par les habitans de l'Islande, *narval*, à cause qu'il se nourrit de cadavres ».

L'auteur a fait représenter ladite corne, à la planche 41, fig. IV, qu'il dit être longue de 6 pieds 2 pouces ; celle de Saint-Denys est un peu plus longue.

On en conserve une dans le trésor de Moscou, comme une chose précieuse ; dans un étui, ayant trois archines et demie (1). On en voit une autre de plus de sept pieds dans la collection du Prince Urusoff (2).

Dans le Muséum d'histoire naturelle de Paris, si riche dans toutes ses parties, on voit de ces mêmes défenses.

Ici se présentent deux difficultés, que l'on peut aisément applanir. Par l'une, on objecte que la licorne de mer a naturellement

(1) Voyage de deux Français dans le Nord de l'Europe, Tom. III, pag. 293.

(2) *Ibid.*, pag. 334.

deux cornes et que c'est par accident qu'elle n'en a qu'une. L'autre objection porte sur ce que l'arme ou les deux armes du narval ne sont pas des cornes, mais des dents. Examinons ces deux controverses.

Les dents servent en effet à mâcher; les éléphans d'Asie et d'Afrique ont de fortes dents machelières, outre leurs deux longues défenses; le sanglier et le babiroussa ne mâchent pas avec leurs défenses courbées; le narval, ainsi que la baleine, n'a point de dents proprement dites : ces deux cétacés n'en ont pas besoin d'après leur manière de vivre; la longueur et la disposition de l'arme du narval ne saurait lui servir à cet usage; c'est pourquoi il a paru plus convenable de l'appeler une corne.

Quant au second argument, qui rend à cette arme la destination présumée d'une dent, il est fondé sur ce que la corne de la licorne de mer ne sort pas immédiatement du crâne, mais de la mâchoire supérieure; on pourrait en dire presque autant des défenses des éléphans qui sortent d'un prolongement du crâne qui se confond avec la mâchoire supérieure. Faut-il bien que l'arme du narval sorte de la mâchoire pour être portée en avant, horizontalement et parallèlement à son corps ; car si elle partait du front elle serait dirigée ou en haut, ou diagonalement ; ce qui la rendrait inutile à sa destination ; ou bien il faudrait qu'elle fît une courbure pour se diriger ensuite en avant. La nature a bien fait tout ce qu'elle a fait ; l'homme aurait fait plus mal les choses. Les armes des autres poissons, comme celle du pristis ou la scie, celle de l'espadon, ont cette même direction horizontale, et elles sont uniques. C'est une particularité qu'il en naisse deux au narval et qu'il n'en subsiste qu'une (1), si cela est bien constant : toujours aperçoit-on l'endroit de l'insertion de celle qui manque, comme Wormius a eu l'occasion de s'en assurer par l'inspection d'un crâne entier auquel adhérait une des cornes d'un côté seulement, l'autre manquant, et l'alvéole d'où elle serait sortie étant presque oblitérée.

Wormius a eu la sage précaution de faire graver ce crâne de narval avec sa corne, ou dent ou arme, avec quelques détails. *(Musæum, Ch. XIV)*. Cet auteur est, je crois, le premier des naturalistes qui ait le mérite

(1) Ainsi, voit-on des plantes dont les fruits ont le principe de deux ou trois graines ou amandes, quoiqu'une seule vienne à bien.

d'avoir pu prononcer avec certitude sur ce point, d'après le bel individu qu'il avait sous les yeux. Les planches que j'ai citées de Bonnaterre, qui sont très-exactes, et faites avec intelligence, confirment que le narval est doué quelquefois de ses deux armes; de là vient que quand il n'en a qu'une, elle n'est point placée au milieu; mais un peu par côté du crâne ou de la mâchoire supérieure. Dès-lors, on ne peut appeler exactement ces armes, des cornes; Kircher les nomme *promuscides*, mâchoire prolongée, armes en avant. La corne du narval est manifestement une arme redoutable, qui le met sur la défensive; on ne croit pas qu'il s'en serve envers la baleine qu'il suit d'assez près, et à d'autres intentions sans doute, que le poisson pilote, qui suit le requin, pour lui rendre quelque service; c'est que le narval et la baleine ne vivent pas de la même manière. L'arme du narval lui sert principalement pour fendre et soulever les glaces qui le gênent, étant habitant des mers glaciales. Il s'en sert aussi pour éloigner de lui ou pour attaquer les navires qui sont à sa rencontre. Il n'est point rare que les navires, plus lourds que lui, opposent une grande résistance à ses coups, l'extrémité de l'arme casse alors, et on la retrouve fichée dans le bordage; le navire en reçoit quelquefois du dommage et tout au moins une secousse qui inquiète fort l'équipage. Ces animaux, assez nombreux dans les mers du Nord, venant à périr par divers accidens, leurs cornes ou dents, entières ou mutilées, sont poussées par les vagues sur les côtes d'Islande, de Groënland et du détroit de Davis; elles y deviennent un objet de commerce.

Telles sont ces prétendues cornes de licorne que l'on prise tant, que l'on montre avec ostentation dans les collections des curieux; dont on forme divers ustenciles et bijoux; des poignées de sabre, des poudriers, des étuis, etc.; on en fait passer pour de la licorne fossile, pour la corne du *monoceros*, animal presque polymorphe, puisque tantôt on l'a pris pour le rhinocéros, tantôt pour un bœuf indien, un âne sauvage, une chèvre, une gazelle, un petit cheval; enfin, c'est un cétacé bien connu sous le nom de licorne de mer ou de narval.

Cet animal marin paraît n'avoir pas été tout à fait inconnu au docte Archevêque Goth, qui a écrit l'histoire des Nations septentrionales, lorsqu'il a dit un mot du poisson *monoceros*, qu'il nomme monstre marin, qu'il dit être armé d'une grande corne sur le front avec laquelle il peut enfoncer les vaisseaux, les détruire et les hommes qui y sont; mais la Providence, ajoute-t-il, fait que les hommes peuvent se défendre contre une bête aussi féroce, parce qu'étant lestes à agir, les hommes ont le temps de prendre la fuite. (Pas trop sur un élément humide où les poissons ne sont pas moins agiles). Olaus Magnus n'avait pas vu certainement un tel monstre, il en eût parlé avec plus d'intérêt.

En pesant toutes ces raisons, on se demande comment tant d'auteurs ont-ils eu la constance d'écrire successivement sur la licorne terrestre; je dis même opiniâtrément, tandis qu'aucun n'a pu attester l'avoir vue vivante ou seulement empaillée dans les riches collections d'animaux que les Souverains ont ordonnées; dans celles que les amateurs ont formé à grands frais? Quel est donc le voyageur véridique et éclairé qui puisse affirmer avoir vu, sans prévention, la licorne, comme ils ont vu d'autres animaux des plus rares: la giraffe, l'hippopotame, le rhinocéros, le casoar, le condor, etc.? Quel est le géologue qui a découvert des ossemens fossiles de la licorne, comme on en connaît de tant d'autres animaux? Enfin, quelle certitude a-t-on que tant de fragmens d'unicorne fossile, présumés tels, aient appartenu à la licorne quadrupède? On les paye cependant pour tels (1).

Il est tout naturel que l'on demande encore comment se peut-il, si l'histoire de la licorne quadrupède est une fable, que le prestige se soit soutenu à travers tant de siècles, et sur quel fondement a-t-on pu imaginer un animal aussi chimérique? Baccius, qui mérite d'être cité, répond à cela : comme Homère inventa les sirènes, Virgile la chimère, Apulée l'âne d'or, et d'autres Mythologues le minotaure, l'hypogryphe, les harpies, etc.; ajoutons le phénix qui renaît de ses cendres, l'hydre de Lerne à sept têtes, le cerbère de l'antre du Ténare, le dragon à qui la garde de la toison d'or était confiée, celui du jardin des Hespérides, le serpent de Laocoon, le borametz des

(1) Je dois citer à ce sujet un fait remarquable. Dom Calmet rapporte (*diction. de la bible, au mot* licorne), avoir vû dans les papiers de la maison de Lorraine, sur la fin du XVI.e siècle, et sous le règne du grand Duc Charles, que 60 mille florins furent donnés pour l'achat d'une licorne. Le savant Bénédictin aurait pu s'exprimer plus clairement, en donnant la valeur de ces florins, il en est de tant de sortes; en disant si c'est de la corne seule dont il s'agissait, ou de l'animal vivant!

Scythes, le kraken des Allemands, la tarasque des Provençaux, etc.; ce qui prouve que dans tous les temps on a aimé le merveilleux, hors même des limites de la vraisemblance.

Il se peut donc que d'anciens auteurs se soient amusés à écrire de la licorne terrestre dans le même sens qu'on l'a fait à l'égard des autres animaux phantastiques. Mais quel sens moral aurait-on voulu cacher sous le nom et la figure composée de la licorne? Comme il en est sans doute sous les titres d'animaux fabuleux que nous venons d'énoncer. S'il était un sens moral sous le nom de *monoceros*, il est devenu plus qu'un mystère; ce n'est pas même une agréable fiction poétique comme tant d'autres. On en a tiré seulement quelques emblêmes et des signes de Blason, inventions assez modernes.

Voilà précisément ce qui me ramène à mon but, qui a été d'examiner principalement pourquoi l'idée de la licorne s'est soutenue jusqu'à notre temps, et comment elle se soutiendra long-temps encore. On sait que l'emblême est une représentation allégorique, accompagnée de quelque sentence, qui l'une et l'autre doivent intéresser la vue et l'esprit. La licorne a pu fournir matière, puisqu'elle est elle-même énigmatique: c'est ainsi que les Italiens ont tiré un emblême de la licorne, en la représentant creusant la terre pour y trouver une source, avec cette devise : *venena pello.* Verrien, dans son recueil d'emblêmes et de dévises, en a une (*planche II, n.° 8*) sur une licorne, avec ces mots : *præ oculis ira;* sa colère est dans ses regards. Un des emblêmes de Sambuc, page 166, dont la licorne est le sujet, porte cette devise : *præciosum quod utile.* Je n'en rechercherai point d'autres; je remarquerai seulement que les hiéroglyphes des Egyptiens ne font aucune mention de la licorne, tandis qu'ils admettaient l'hippopotame. Kircher, grand scrutateur de ces sortes d'antiques, dans son idée des hiéroglyphes (*in obelisco pamphilio*), n'a fait aucune mention de la licorne.

On a vu des imprimeurs et libraires de Paris, de Lyon, de Cologne, prendre la licorne pour enseigne, d'après quelque allusion à eux connue.

Il n'est point rare de voir des licornes servant de supports à des armoiries, comme on y emploie des sirènes, des anges, des griffons, des oiseaux, des aigles, des levriers, des ours, des lions et autres animaux; même des sauvages, des esclaves vaincus. Charles VI avait des cerfs ailés pour supports aux siennes.

Verrien, que je viens de citer, a donné quelques exemples de supports par des licornes, aux planches VI et XVII, en traitant des supports et cimiers pour les ornemens des armes (*livre III*).

En outre, plusieurs familles portent dans le champ même de leur écusson, la licorne en entier, ou la tête seulement; c'est ce dont on voit divers exemples dans le livre du *Roy d'armes*, du P. Gilbert de Varennes, lequel a prétendu donner ainsi la signification emblématique de la licorne. Comme on attribue, dit-il, à cet animal un grand courage, d'aimer aussi les bonnes odeurs et les personnes chastes : de là, en adoptant la licorne dans ses armes, on a voulu annoncer qu'on était doué des mêmes qualités. Si cette explication peut satisfaire les personnes que la chose intéresse, je ne saurais m'y opposer.

Les armoiries de l'Angleterre ont aussi la licorne pour support. Elles se trouvent aux armes des Stuarts, Ducs d'Albanie; de même qu'aux armes de Bassompierre.

Nous avons sous les yeux un monument remarquable que la ville de Montpellier éleva de nos jours, à la gloire de M.r le Marquis de Castries, alors Gouverneur de la Ville et de la Citadelle, fait depuis Maréchal de France et Ministre. C'est une fontaine publique (dont l'eau coula, pour la première fois, le 27 Octobre 1774) ornée d'un bas relief en marbre blanc (1), représentant la bataille de Clostercamp, près Rhimberg en Westphalie, gagnée par ce brave général, en 1760.

Ce bas relief est surmonté de deux licornes, grandes comme nature, artistement groupées, et comme folatrant ensemble; elles sont aussi en marbre blanc, et leur corne est dorée par une singularité qu'on n'explique pas. Le peuple les nomme les Chevaux marins (2). C'est qu'en effet, les licornes sont les supports des armes de la maison de Castries. On les voit représentées de même dans l'histoire de Montpellier (in-fol. 1737), dédiée à M.r le Marquis de

(1) Je possède le modèle en terre cuite de ce bas relief, fait par le Sieur Dantoine, portant 4 pieds 10 pouces en largeur, sur 7 pouces, etc., de haut.

(2) Dénomination non moins absurde que celle que les marchands de pelleterie donnent aux peaux de zèbre, qu'ils nomment aussi *cheval marin*. Cependant de tout temps on s'est plû à figurer un cheval marin, non moins fantastique que les tritons; on en voit un entr'autres représenté, d'après une émeraude, dans la planche 212 des gemmes antiques de Léonard Augustin, publiés par

Castries, etc., ainsi que dans l'armorial des états de Languedoc, publié en 1767. Dans le monument ci-dessus, l'artiste a fait, d'un accessoire, le principal; car les armoiries de Castries y sont portées séparément par un génie. On y a suppléé depuis par trois fleurs de lis : ce qui forme des disparates entre les lis, les licornes et le bas relief. D'après cela, il est facile de comprendre que ce sont les artistes qui ont perpétué l'idée d'un animal factice qu'ils nous représentent sous la forme d'un petit cheval portant sur le front une corne d'ivoire torse et canelée : erreur bien grande sans doute qu'il n'est pas en leur pouvoir d'éteindre, puisque forcés par les circonstances, ils ont à représenter des armoiries et leurs supports, dont la licorne fait quelquefois partie essen-

J. Gronovius, 1694, in-4.°, et ailleurs. C'est un cheval sans corne, dont la queue est terminée par une nageoire, ayant deux autres nageoires sous le ventre et les cuisses de devant, n'ayant point de jambes de derrière.

Quelques-uns donnent encore le nom vulgaire de cheval marin, à l'hippopotame; celui de vache marine, de veau, de lion, de chien, de loup, etc., à de gros habitans des mers qui ne sont ni des lions, ni des vaches, ni des chevaux, mais des cétacés d'espèces diverses, phoque et autres, ainsi que le narval ou *monodon*.

tielle. Si donc la licorne quadrupède ne peut être vue que dans les représentations artificielles, il faut laisser aux artistes le plaisir de nous la montrer par le dessin, par la peinture, la gravure et la sculpture; il faut laisser aux habiles inventeurs d'héraldique, aux généalogistes, à l'employer dans les armoiries, à en tirer des sujets d'emblèmes, de devises et de médailles, en les prévenant toutefois que c'est un sujet de plus à ajouter à la fable. Il est connu que les titres sont identiques avec la noblesse, et que les armoiries sont un des signes authentiques et visibles qui attestent de la noblesse et de ses hauts titres. Ainsi, la perpétuité de l'image de la licorne est plus assurée, que sa réalité ne peut être prouvée.

Je crains néanmoins qu'on ne dise que j'ai écrit une dissertation savante et inutile sur un objet que les Naturalistes sont convenus de perdre de vue. Je réponds que cette dissertation n'est point assez savante, si j'ai laissé de côté bien des raisons pour et contre, dont j'aurais pu l'augmenter : elle ne sera pas tout à fait inutile, si j'ai prouvé qu'à défaut d'enrichir l'histoire des animaux d'une espèce des plus rares et inconnus, elle éclaircit un point qui concerne les arts, celui de l'emploi que font de la représentation de la licorne, les sculpteurs, les peintres et les graveurs de Blason. Il resterait à prouver, d'une manière satisfaisante, pourquoi la licorne a été adoptée pour servir de support à des écussons d'armoiries. Ceux qui s'adonnent à l'art héraldique devraient le savoir; je crois fort qu'ils l'ignorent autant que moi, sauf l'opinion de Gilbert de Varennes.

FIN.

www.ingramcontent.com/pod-product-compliance
Ingram Content Group UK Ltd.
Pitfield, Milton Keynes, MK11 3LW, UK
UKHW021034180726
13838UKWH00004B/1796